配电网工程项目部
标准化建设工作手册

国网江西省电力有限公司配网办　组编

CHINA ELECTRIC POWER PRESS

内 容 提 要

为进一步规范和指导配电网工程业主、施工、监理及设计单位在配电网建设与改造工程中正确履行项目部工作职责，规范项目部软、硬件标准化建设和提高项目部的管理质量及水平，国网江西省电力有限公司配网办组织编写了本书。

本书体现了四个特点：一是总结了公司系统参建各项目部标准化建设及运作经验，并紧密结合国家电网公司工程管理通用制度要求。二是适用中低压配电网建设与改造工程。三是按照项目部组成、授权与任命、项目部配置标准、项目部公章制作、项目部岗位职责和上墙资料六大类进行标准化的规范。四是突出参建项目部建设评价细则和主要工作流程等有关内容，并统一了管理模板。

本书可供业主（各供电公司）、施工、监理和设计单位从事配电网工程的各层级管理人员，以及有关技术、质量等专业人员使用。

图书在版编目（CIP）数据

配电网工程项目部标准化建设工作手册 / 国网江西省电力有限公司配网办组编. —北京：中国电力出版社，2018.11
ISBN 978-7-5198-2621-5

Ⅰ. ①配… Ⅱ. ①国… Ⅲ. ①配电系统–工程项目管理–手册 Ⅳ. ①TM72–62

中国版本图书馆 CIP 数据核字（2018）第 258580 号

出版发行：中国电力出版社
地　　址：北京市东城区北京站西街 19 号（邮政编码 100005）
网　　址：http://www.cepp.sgcc.com.cn
责任编辑：崔素媛（010-63412392）
责任校对：黄　蓓　郝军燕
装帧设计：张俊霞
责任印制：杨晓东

印　　刷：北京九天众诚印刷有限公司
版　　次：2018 年 11 月第一版
印　　次：2018 年 11 月北京第一次印刷
开　　本：710 毫米×980 毫米　16 开本
印　　张：5
字　　数：62 千字
印　　数：0001—4000 册
定　　价：38.00 元

前言

按照国家电网公司"精益化"管理精神，在国家电网公司有关工程管理通用制度的基础上，结合配电网建设与改造工程的实际情况，经过广泛征求各单位意见，国网江西省电力有限公司配网办组织编写本书。

本书总结了公司系统参建各项目部标准化建设及运作经验，并紧密结合国家电网公司工程管理通用制度要求。本书主要包括以下方面内容：

（1）项目部组成的规范。明确并规范了业主、监理、施工项目部和设计项目部的组建原则、组建方式及要求。

（2）授权与任命的规范。明确并统一了施工、监理和设计单位对施工项目经理、总监理工程师和主设人员的授权和任命模式，规范了行文内容。

（3）项目部标准配置的规范。明确了业主、施工、监理项目部和设计项目部在人员配置、办公场所、办公设备，到生产场所、仪器设备、施工机具和车辆等的最低配置标准。

（4）公章使用的规范。明确了业主、施工、监理项目部和设计项目部公章的规范制作与使用，避免了各公司各项目部的公章乱象。

（5）人员职责的规范。明确了业主、施工、监理项目部和设计项目部各层级人员的职责，避免职责紊乱、履职不清等现象。

（6）上墙资料和展板的规范。明确了业主、施工、监理项目部和设计项目部有关管理流程、节点计划等上墙资料和展板。

本规范中模板代码的命名规则：

PDXB 代表配电网工程项目部，各级数字代码如下：

第一级数字，代表六大模块，如 1、2、3、4、5、6 分别代表项目部组成、授权与任命书、项目部配置标准、公章、职责、上墙资料及展板。

第二级数字，代表各项目部，如 1、2、3、4 分别代表业主、监理、施工和设计项目部。

第三级数字，代表流水号。

本规范中管理模板的编号原则如下：

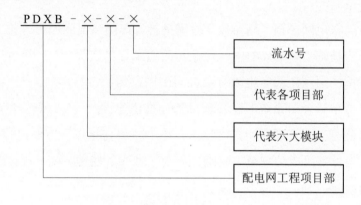

目录

第一章
业主项目部标准化建设

本章分别对业主项目部的组建原、组成文件、公章制作和岗位职责等进行了规范；对人员配置、办公场所、设备仪器、上墙资料、生产用车等方面进行了明确。

但应注意的是，本章只是最低配置和基本要求，各项目部应根据工程实际需要进行增补；在公章制作时应以公安部门有关规定为准。

一、业主项目部的组成

1. 定位

业主项目部是由建设管理单位派驻工程建设现场，代表建设管理单位履行项目建设过程管理职责的工程项目管理组织机构。

业主项目部工作实行项目经理负责制，项目部管理工作贯穿项目前期阶段、工程前期阶段、工程建设阶段、总结评价阶段等四个阶段，通过计划、组织、协调、监督、评价等管理手段，推动工程建设按计划实施，实现工程安全、质量、进度、技术和造价等各项建设目标。

2. 组建原则

业主项目部人员包括业主项目经理、安全管理、质量管理、技术管理、项目管理、造价管理等岗位，以及工地代表（属地协调员）、物资协调员等。

业主项目经理、安全管理、质量管理、技术管理等岗位人员为项目管理关键人员，视需可配副经理；其中，业主项目经理（副经理）和安全管理不得兼职，质量管理和技术管理可另兼项目管理或技术管理一职，但不得互相兼职。

业主项目部应相对稳定，人员固定、分工明确、各司其职；工地代表（属地协调员）则可根据项目情况适当调整。一般业主项目部管理半径不宜超过50km。

3. 组建方式与要求

各地市和县（区）供电公司均应按年度下达的综合计划，在配电网工程可研批复后，根据年度工程量大小或管理半径组建一个或多个业主项目部。

各级配电网工程建设管理部门应下发书面文件成立业主项目部；业主项目部人员变动时，应及时重新发文；文件分多页，1页为正文，其余为项目部成员和所管辖项目范围。文件应为 A4 纸张，竖版，详见 PDXB－1－1－1业主项目部成立文件示例。

各市、县公司配电网工程管理部门应及时将业主项目部成立文件（含变更）逐级上报备份；确定参建单位后，应及时发送给各参建单位。

业主项目经理或项目管理专责应及时在工程管控系统维护（含变更）业主项目部成员信息。

4. 关键人员持证上岗及培训要求

业主项目经理应由具备工程项目综合管理能力和良好协调能力的管理人员担任，3 年及以上同类工程管理工作经历，须通过公司总部或省公司级单位组织的培训，考核合格后持证上岗。

安全管理、质量管理和技术管理专责需具有从事 2 年以上工程安全（质量）管理经历，持有国家电网公司或省级公司颁发的安全质量培训合格证书。

PDXB－1－1－1 业主项目部成立文件示例

国网××供电分公司
关于成立<u>（××年度或批次）</u>工程业主项目部的通知

公司所属各部门、单位：

　　根据×××年度配电网建设与改造工程里程碑计划，按照标准化管理的相关要求，公司组建了<u>（可研批复工程或年度工程名称）</u>工程业主项目部，负责有关项目的具体建设管理任务，业主项目部组织机构见附件。同时启用"国网×××供电分公司×××工程业主项目部"印章。

　　工程竣工决算和创优结束后，业主项目部自行解散，以及业主项目部印章废止，不再另行发文。

　　附件：业主项目部组织机构表

建设管理单位（章）：_____
_____年____月____日

注：1. 各地市、县/区公司应按年度或批次工程成立业主项目部。

　　2. 业主项目部组织机构应以文件形式成立，本模板为推荐格式。

附件：

业主项目部组织机构表

业主项目部名称					
序号	姓名	管理岗位	职称/资格证书	联系电话	备注
		业主项目经理			
		安全管理专责			
		质量管理专责			
		技术管理专责			
		项目管理专责			
		造价管理专责			
		物资协调员			
		工地代表 1	（或属地协调，可多人）		（负责区域）
		工地代表 2			（负责区域）
		……			

项目任务清单						
序号	项目名称	工程规模		计划开工时间	计划投产时间	备注
		线路	台区			
	……					

其他需要说明事项：

业主项目部联系方式：

电话：　　　　　　传真：　　　　　　邮箱：

说明：在同一项目部内，业主项目经理和安全专责为专职，其余专责最多身兼 2 职。

二、业主项目部的配置标准

业主项目部宜设在工程规模较大或工期较长、交通便利的项目所在地。应有独立办公场所，配置标准和要求见 PDXB－3－1－1 业主项目部标准化配置表。

PDXB－3－1－1 业主项目部标准化配置表

序号	项目	标　　准	备注
一	业主项目组建及人员配置		
（一）	项目部组建	1. 各地市和县（区）供电分公司均应按年度下达的综合计划，在配电网工程可研批复下达后 1 个月内成立业主项目部，并以文件形式任命项目经理及其他管理人员。 2. 业主项目部人员设置，应包括：业主项目经理、安全管理、质量管理、造价管理、技术管理、项目管理等岗位，视工程需要可增设副经理、属地协调（工地代表）、物资协调等岗位。项目经理和安全管理专责应为专职，质量管理和技术管理可另兼项目管理或技术管理一职，但不得互相兼职。 3. 地市公司直接建设管理的配电网工程项目，由地市公司发文组建业主项目部，县级公司负责建设管理的工程项目，由县级公司发文组建业主项目部	1. 原则上不得更换业主项目经理，如需更换的，应履行人员调整审批手续。 2. 业主项目部人员不限于运检部（配网办）、发建部等部门，如：物资协调专责可由各单位物资部门人员担任；但在工程管理中均应接受业主项目经理的统一管理
（二）	任职资格		
1	业主项目经理	1. 具有工程类注册职业资格或中级及以上专业技术职称或各单位中层管理人员，2 年及以上工程管理经验的人员担任。 2. 具备项目管理能力和良好协调能力的管理人员担任，须通过省级公司组织的培训，考试合格后上岗	

续表

序号	项目	标　　准	备注
2	安全管理专责	1. 两年内应参加过省公司或地市公司举办的安全培训，且经考试合格。 2. 具有 2 年及以上的工程现场管理经验	
3	质量管理专责	1. 两年内应参加过省公司或地市公司举办的质量培训。 2. 具有 2 年及以上的工程现场管理经验	
4	技术管理专责	熟悉工程技术规范，且具有 2 年及以上的工程现场管理经验的人员担任	
5	项目管理专责	具备项目管理能力和良好协调能力的管理人员，有 2 年及以上的工程管理经验的人员担任	
6	造价管理专责	具有 2 年以上同类工程造价工作经验	
二	业主项目部设备、设施		
（一）	办公场所	1. 业主项目部办公场所应满足管理需要。 2. 办公室入口应设立业主项目部铭牌。 3. 办公室布置应规范整齐，办公设施齐全，定置到位。 4. 悬挂 2 目标、6 职责、3 图 1 牌等上墙资料	1. 应有独立办公场所。 2. 铭牌：不锈钢哑光材质，600mm×900mm，含公司名称、项目部名称
（二）	办公设备		
1	计算机	1. 数量应满足工程需要，不少于 1 台。 2. 内、外网络通信畅通	打印、复印、扫描可用多功能一体机
2	办公桌椅	满足人手 1 套	
3	文件柜	数量应满足工程需要，且不少于 2 面	
4	打印机	不少于 1 台	

续表

序号	项目	标 准	备注
5	复印机	不少于 1 台	打印、复印、扫描可用多功能一体机
6	扫描仪	不少于 1 台	
7	拍照设备	按需配置	
(三)	安全防护用品	1. 安全帽每人一顶。 2. 其他个人安全防护用品（工作服、绝缘靴等）按实际需求配备	检验合格，并在有效期内
(四)	常规检测设备和工具	激光水平仪（室外 15m 以上可见、3 线）	其他设备和工具数量满足需要
		放大镜尺（光学 10×以上，最小刻度 0.05mm）	
		测距仪（1000m）	
		望远镜	
		钢卷尺（5m）	
(五)	交通工具	应满足工程实际需要，且不小于 1 台小型客车	

三、业主项目部的公章制作

业主项目部应刻制业主项目部公章，制作要求如下：

（1）按公安部门公章有关管理规定制作。

（2）上部的"供电分公司"名称应为国家电网公司系统规范命名的名称。

（3）底部为"配电网工程业主项目部"；对于年度工程量大或组建多个业主项目部的，可在尾部加数字序号，如"配电网工程业主项目部（1）"。

（4）版式图样见 PDXB－4－1－1 业主项目部公章示例。

PDXB-4-1-1 业主项目部公章示例

四、业主项目部的岗位职责

1. 业主项目部的工作职责

业主项目部对项目建设进度、安全、质量、技术、造价等实施现场管理，对工程建设关键环节进行有效管控。业主项目部负责对工程设计、监理、施工、调试等参建单位进行合同履约管理，通过对合同执行情况的监督考核，督促参建单位严格履行合同义务，完成合同规定的工作内容。

（1）贯彻执行并监督参建单位落实国家、行业有关的工程建设标准、规程和规定，以及国家电网公司各项管理制度、"三通一标"等标准化建设要求。

（2）参与发展部门负责的工程选址选线、可研等项目前期工作。

（3）开展项目管理策划，组织编写工程建设管理纲要，报建设管理单位审批；督促、审批参建单位的项目策划文件并监督执行。

（4）负责设计、监理、施工合同条款的监督执行，监督、配合物资合同条款执行，及时协调合同执行过程中出现的有关问题。

（5）组织开展监理项目部、施工项目部标准化配置达标检查。

（6）组织设计交底及施工图会检，签发会议纪要并监督闭环落实；组织设计联络会，协调设计单位与物资供应商间的技术确认。

（7）组织召开工程月度例会、专题协调会，及时协调工程建设有关问题并改进，检查工程进度、安全、质量、造价、技术管理工作的落实并跟踪闭环，重大问题逐级上报上级单位协调解决。

（8）开展及参加各类安全、质量检查工作，监督、落实标准工艺应用。开展项目安全文明施工管理，监督安全文明施工费使用，按规定程序上报安全、质量事故（事件），参加安全、质量事故（事件）调查。

（9）组织开展项目建设外部协调，推动属地协调机制有序开展外部协调工作。

（10）开展工程设计变更与现场签证管理，按权限分级办理审批手续。审核工程款项（含工程预付款、工程进度款、设计费、监理费、征地费、法人管理费等）支付申请，上报月度用款计划。

（11）跟踪、协调物资供应，满足现场进度要求，及时收集物资结算资料并提报。

（12）全面应用工程管控系统开展专业管理工作，及时完成系统中项目数据的录入维护和审批工作。

（13）及时组织宣贯上级文件，做好来往文件记录，负责工程信息与档案资料的收集、整理、上报、移交工作。

（14）督促施工单位完成自检工作；督促监理单位组织单位工程预验收工作；参加工程中间验收工作；参加工程竣工预验收和启动验收，组织各参建单位做好闭环整改工作。

（15）配合完成工程启动送电工作。工程投运后，及时对项目管理工作进行总结，对项目参建单位工作成效开展综合评价，汇总设计、施工、监理、物资供应商的合同履约情况并报送建设管理单位。

（16）配合完成工程结算、工程竣工决算、工程审计、工程达标创优等相关工作。

2. 业主项目部人员的工作职责

业主项目部项目经理、安全管理专责、质量管理专责、技术管理专责、项目管理专责、造价管理专责等岗位职责见 PDXB-5-1-1。

PDXB-5-1-1 业主项目部人员岗位职责

岗位	职　责
项目经理	业主项目经理是落实业主现场管理职责的第一责任人，全面负责业主项目部各项工作。 1. 组织项目《建设管理纲要》及进度实施计划等管理策划、计划的编制和实施。审批项目设计、监理、施工承包商的项目管理二次策划或实施细则。 2. 掌握工程建设过程中安全、质量、进度、技术、造价、组织协调的总体情况，对安全、质量、进度、技术、造价有关要求执行情况进行检查、分析及纠偏。组织召开业主项目部工作会议，安排部署业主项目部工作。主持召开工程月度协调会议（各参建单位参加）或专题协调会（相关参建单位参加），协调解决工程中重大问题。 3. 组织上报项目设计、监理、施工、物资招标申请，参与合同签订，组织业主项目部各专责对设计、施工、监理和设备供货商的合同执行情况及资信进行评价。 4. 参加上级组织的定期或随机的安全、质量专项检查工作。组织安全文明施工管理示范工地的创建工作。参加工程安全事故和质量事故的调查。 5. 组织工程初步设计内审。审查重大设计变更和技术方案。全面落实配电网典型设计及标准化建设要求。 6. 根据建设管理单位安排，组织或参加项目外部协调及政策处理工作。审批项目开工。负责与建设管理单位生产、调度等部门的沟通协调工作。 7. 审核工程进度款支付申请和月度用款计划。审批"两措费用"使用计划。 8. 组织工程竣工验收和质量评定工作，根据安排参加工程竣工验收相关工作。 9. 组织对本项目管理工作进行总结和综合评价，报送建设管理单位
安全管理专责	协助项目经理具体负责以下安全管理工作： 1. 建立健全项目安全管理体系，对项目建设全过程安全管理工作负责。 2. 按《建设管理纲要》中安全文明施工章节组织实施。审核施工单位的安全文明施工实施细则、两措费用使用计划，并监督执行。 3. 负责组织各参建单位对工程危险点进行分析，制订预控措施，检查项目危险点辨识、风险控制措施落实情况，加强风险管理。督促参建单位编制应急预案，并检查落实情况。分阶段组织项目应急预案演练，检查参建单位执行情况。

续表

岗位	职　　责
安全管理专责	4. 参加安全性评价工作，组织参建各方对安全隐患进行整改，形成闭环管理。 5. 监督、检查配电网安全管理制度在工程中的贯彻落实情况。加强日常安全巡视，定期组织安全例行检查活动，跟踪检查安全隐患闭环整改情况。参加各类安全专项检查活动。 6. 审批施工单位报送的分包申请，审查分包队伍资质，监督分包招标，督促施工单位加强对分包队伍的安全管理。 7. 配合项目安全事故的调查和处理。 8. 参加项目竣工投产自检、复检工作。 9. 配合对工程承包方的资信评价。 10. 负责项目建设安全管理工作信息的上报、传递和发布。项目完成后编写项目建设安全管理工作小结
质量管理专责	协助项目经理具体负责以下质量管理工作： 1. 建立健全工程质量管理体系，对工程建设全过程质量管理工作负责。 2. 编制项目创优规划并组织实施。 3. 监督、检查配电网质量管理制度在工程中的贯彻落实情况。贯彻执行配电网标准工艺要求。加强现场日常质量巡视，组织质量例行检查活动，跟踪检查质量问题的闭环整改情况。组织各参建单位参加上级单位组织的各类质量检查和竞赛活动。 4. 组织工程中间验收，参加项目竣工验收。 5. 具体负责项目创优工作。 6. 参加工程质量事故的调查和处理。 7. 配合对工程承包方的资信评价。 8. 负责项目建设质量管理工作信息的上报、传递和发布。项目完成后编写项目建设质量管理工作小结
技术管理专责	协助项目经理具体负责项目技术管理工作： 1. 负责督促设计、施工、监理单位在工程建设过程中，严格贯彻执行"四个一"标准化建设要求。 2. 向建设管理单位报送技术标准在执行中存在的问题及修订建议。 3. 督促设计单位按期提交初步设计文件，参加初步设计文件内部审查。参加上级单位组织的初步设计评审。督促设计单位按时完成初步设计收口文件。 4. 督促设计单位按时完成施工图设计。组织施工图会审和设计技术交底，督促施工单位、监理单位和设计单位起草整理会议纪要并负责纪要的闭环落实。 5. 负责审查施工、物资招标技术文件，参与或组织签订中标设备技术协议。

岗位	职　责
技术管理专责	6. 负责设计变更和工程技术方案管理。 7. 负责推广应用新设备、新材料、新技术、新工艺，并上报应用情况。 8. 项目完成后编写项目技术管理工作总结。 9. 配合开展工程承包方资信评价
项目管理专责	协助项目经理具体负责工程项目管理工作： 1. 负责牵头编制工程建设管理纲要。督促设计、施工、监理等单位根据工程建设管理纲要编制相应项目策划文件，并监督检查其落实情况。 2. 配合业主项目经理开展外部协调工作，加强与政府的沟通汇报，促请地方政府召开工程开工前期协调会，推进项目建设协调工作。 3. 核查并跟踪开工手续办理情况，按时完成项目补偿协调工作，及时上报相应结算资料。 4. 督促设计、施工、监理等单位严格执行项目进度实施计划，审批设计、施工计划等，检查进度计划执行情况，分析偏差原因，提出纠偏措施。 5. 督促协调设计、施工、监理单位和物资供应商严格履行合同条款，并对其合同履行情况提出评价意见。参加对项目参建单位资信和合同执行情况的评价。 6. 督促施工项目部上报停电施工方案和停电需求计划，配合建设管理单位审查停电计划，由建设管理单位报送相应管理部门，纳入调度年度停电计划。 7. 参加工程验收，协调推动有关工作。 8. 负责项目部来往文件的收发、整理、归档工作。根据档案标准化管理要求，督促有关单位及时完成档案文件的汇总、组卷
造价管理专责	协助项目经理具体负责以下工程造价管理工作： 1. 负责项目建设过程中的造价管理与控制工作。严格执行国家、行业标准和企业标准，贯彻落实省公司和建设管理单位有关造价管理和控制的要求。 2. 参加初步设计文件内部审查。参加上级单位组织的初步设计评审。督促设计单位按时完成初步设计收口概算，负责收集整理初设复核所需资料。 3. 参加施工图会审和设计交底，组织预算审查，掌握项目建设过程中概算执行情况。 4. 审核设计变更及重大设计变更费用，根据规定报上级单位批准。 5. 审核上报工程进度款支付申请和月度用款计划。

续表

岗位	职　责
造价管理专责	6. 具体办理工程竣工结算，完成竣工结算报告的编制，根据批复意见调整工程竣工结算。配合竣工决算、审计以及财务稽核工作。 7. 负责填报配电网工程结算工作完成情况表及工程概况表。 8. 负责收集、整理造价管理工作基础资料，参加造价分析工作。项目完成后编写项目建设造价管理工作小结
属地协调员 （工地代表）	1. 负责工程属地协调的联系工作，及时完成项目外部环境协调工作，满足工程建设进度要求。 2. 加强与政府的沟通汇报，推动属地公司促请地方政府召开工程开工前期协调会，推进项目建设协调工作。 3. 履行工程施工现场到岗到位职责，承担业主现场安全管理主体责任。
物资协调员	1. 收集物资采购合同，编制物资供应计划，提交项目管理人员审核。 2. 督促并协调物资供应商按要求参加设计联络会，并要求其及时向设计单位提交技术资料，满足设计进度要求。 3. 协调物资监造、设备联调、出厂试验、现场验收等事宜。 4. 跟踪物资生产和到货情况，协调物资供应，满足现场进度要求。 5. 监督并协调物资供应商做好现场服务工作。 6. 协调物资供应商及时完成质量缺陷处理。 7. 工程竣工后，及时收集物资结算资料并提报，配合完成竣工结算工作

五、业主项目部的上墙资料

本部分对业主项目部的上墙资料在目标、职责、图表等方面进行了明确和规范。但需注意的是，此为最低要求，应根据实际岗位和需要进行增补。

上墙资料除项目部铭牌、晴雨表和工程项目汇总表外，其余均应为 A1（大小为 594mm × 840mm）、竖版，样式如 PDXB - 6 - X - X。

PDXB–6–X–X 上墙图表示例

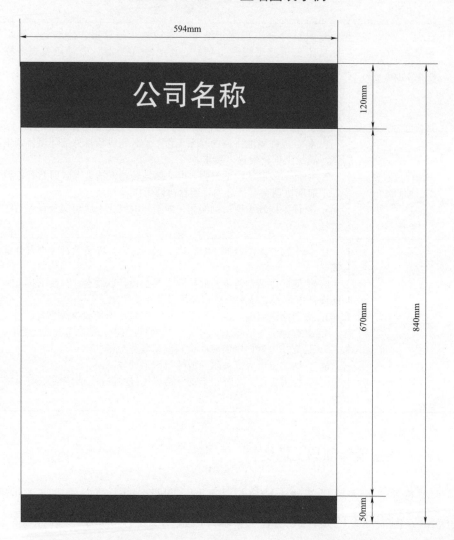

注：国网绿色标准色值为：CMYK：C：100　M：5　Y：50　K：40；RGB：R：0　G：101　B：105。

业主项目部上墙资料由职责和图表两部分组成，有 2 目标、8 职责、3 图 1 牌 2 表，共计 16 项。上墙资料名称及制图规格见 PDXB–6–1–1，各上墙资料样式见 PDXB–6–1–2～PDXB–6–1–10。

PDXB–6–1–1　业主项目部上墙资料目录

序号	上墙资料名称	制图规格
一、管理目标		
1	安全管理目标	A1：594mm×840mm（宽×高，竖版）
2	质量管理目标	A1：594mm×840mm（宽×高，竖版）
二、职责		
1	项目经理岗位职责	A1：594mm×840mm（宽×高，竖版）
2	安全管理专责岗位职责	A1：594mm×840mm（宽×高，竖版）
3	质量管理专责岗位职责	A1：594mm×840mm（宽×高，竖版）
4	技术管理专责岗位职责	A1：594mm×840mm（宽×高，竖版）
5	造价管理专责岗位职责	A1：594mm×840mm（宽×高，竖版）
6	项目管理专责岗位职责	A1：594mm×840mm（宽×高，竖版）
7	属地协调员岗位职责	A1：594mm×840mm（宽×高，竖版）
8	物资协调员岗位职责	A1：594mm×840mm（宽×高，竖版）
二、图表		
1	项目部铭牌	900mm×600mm（宽×高，横版，不锈钢，哑光）
2	建设管理网络图	A1：594mm×840mm（宽×高，竖版）
3	安全管理网络图	A1：594mm×840mm（宽×高，竖版）
4	质量管理网络图	A1：594mm×840mm（宽×高，竖版）
5	晴雨表	尺寸不做要求
6	工程汇总表	尺寸不做要求

业主项目部各岗位职责见本章"四、业主项目部岗位职责",样式如下:

PDXB-6-1-2 岗位职责示例

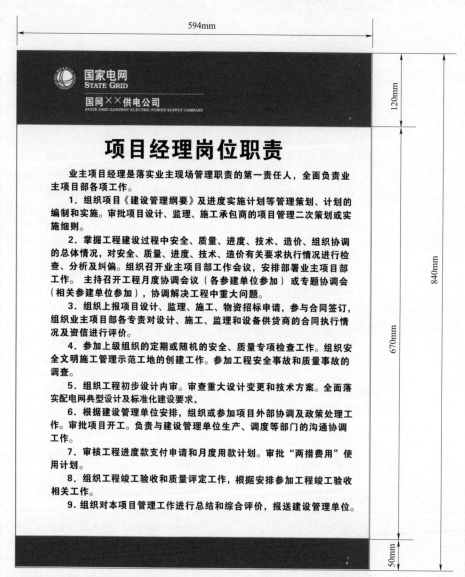

PDXB－6－1－3 业主项目部铭牌

注：不锈钢材质（203 号以上、1mm），哑光，上部为原色，下部为国网绿色。

PDXB－6－1－4 工程安全管理目标

工程安全管理目标
坚决贯彻执行配电网标准化管理规定，认真履行安全职责，做到事前预控周密、过程控制严格，以实现施工安全的可控、能控、在控。具体目标： 1. 不发生人员重伤及以上事故、造成较大影响的人员群体轻伤事件。 2. 不发生因工程建设引起的电网及设备事故。 3. 不发生一般施工机械设备损坏事故。 4. 不发生火灾事故。 5. 不发生环境污染事件。 6. 不发生负主要责任的一般交通事故。 7. 不发生对省公司造成影响的安全事件。

注：图样版式详见 PDXB－6－X－X 上墙图表示例。

PDXB-6-1-5 工程质量管理目标

工程质量管理目标

1. 工程"零缺陷"移交。
2. 实现工程达标投产，创国家电网公司优质工程。
3. "标准工艺"应用率≥95%。

"典型施工方法"用量＞2项。

评价得分≥90分。

4. 不发生下列及以上质量事件：

（1）设备在安装、调试期间，由于保管、操作不当，造成设备严重损坏需返厂进行返修处理，但不影响设备的正常使用和工程寿命。

（2）由于工艺差错、构件规格和加工问题，造成批量返工。

5. 电气工程：电气工程质量满足国家及行业施工验收规范、标准及质量检验评定标准的要求。

建筑工程：单位工程优良率为100%，观感得分率≥95%（国标90%）。

安装工程：单位工程优良率为100%。建筑工程外观及电气安装工艺优良。不发生一般施工质量事故。工程无永久性质量缺陷。工程带负荷一次启动成功。

注：图样版式详见PDXB-6-X-X上墙图表示例。

PDXB-6-1-6 建设管理网络图

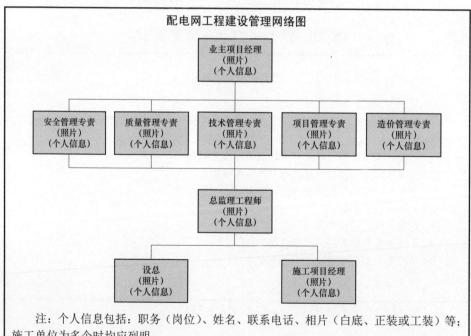

注：个人信息包括：职务（岗位）、姓名、联系电话、相片（白底、正装或工装）等；施工单位为多个时均应列明。

注：图样版式详见PDXB-6-X-X上墙图表示例。

18

PDXB-6-1-7 安全管理网络图

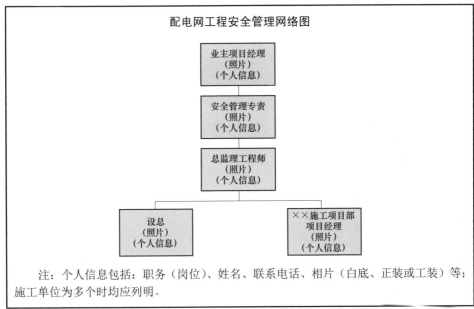

配电网工程安全管理网络图

注：个人信息包括：职务（岗位）、姓名、联系电话、相片（白底、正装或工装）等；施工单位为多个时均应列明。

注：图样版式详见 PDXB-6-X-X 上墙图表示例。

PDXB-6-1-8 质量管理网络图

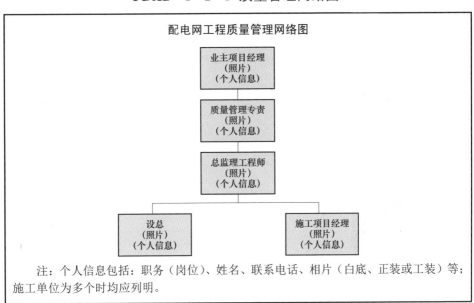

配电网工程质量管理网络图

注：个人信息包括：职务（岗位）、姓名、联系电话、相片（白底、正装或工装）等；施工单位为多个时均应列明。

注：图样版式详见 PDXB-6-X-X 上墙图表示例。

PDXB-6-1-9 晴雨表

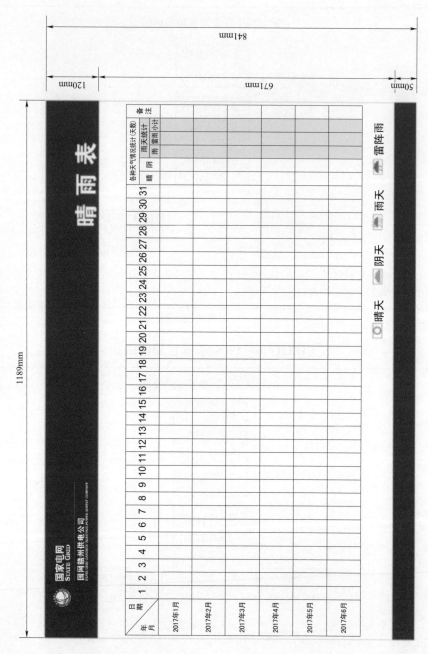

晴 雨 表

国家电网 STATE GRID
国网赣州供电公司
STATE GRID GANZHOU ELECTRIC POWER SUPPLY COMPANY

日期 年月	1	2	3	4	5	6	7	8	9	10	11	12	13	14	15	16	17	18	19	20	21	22	23	24	25	26	27	28	29	30	31	各种天气情况统计(天数)				备注
																																	晴	阴	雨天统计	雨霾雨小计	
2017年1月																																				
2017年2月																																				
2017年3月																																				
2017年4月																																				
2017年5月																																				
2017年6月																																				

☐ 晴天　　◪ 阴天　　▨ 雨天　　▨ 雷阵雨

120mm　　671mm　　50mm
841mm

1189mm

PDXB-6-1-10 工程项目进度表

××公司××项目进度表

序号	单体项目名称	子项工程名称	主要规模及投资	里程碑开工时间	实际开工时间	里程碑投产时间	实际投产时间	基础施工	杆塔组立	导线展放	设备安装	接地工程	备注
1	10kV××线改造工程	××10kV线路	以初设批复为准	填写上报时间	填写上报时间	填写上报时间	填写上报时间						
		××配电变压器	以初设批复为准	填写上报时间		填写上报时间							
		××低压线路	以初设批复为准	填写上报时间		填写上报时间							
2	10kV××线改造工程	××10kV线路	以初设批复为准	填写上报时间		填写上报时间							
		××配电变压器	以初设批复为准	填写上报时间		填写上报时间							
		××低压线路	以初设批复为准	填写上报时间		填写上报时间							

第二章
监理项目部标准化建设

本章分别对监理项目部的组建原则、任命文件、公章制作和岗位职责等进行了规范；对人员配置、办公场所、设备仪器、上墙资料等方面进行了明确。

但应注意的是，本章只是最低配置和基本要求，各项目部应根据工程实际需要进行增补；在公章制作时应以公安部门有关规定为准。

一、监理项目部的组成

1. 定位

监理项目部是工程监理单位派驻工程，是负责履行建设工程监理合同的组织机构，公平、独立、诚信、科学地开展建设工程监理与相关服务活动，通过审查、见证、旁站、巡视、验收等方式、方法，实现监理合同约定的各项目标。

2. 组建原则

监理项目部人员包括总监理工程师、安全监理工程师、专业监理工程师（应视工程进展及时配置各专业监理）、监理员及信息资料员等。

总监理工程师、专业监理工程师、安全监理工程师为项目管理关键人员，应与投标文件保持一致；监理项目部应按有关文件要求配置，最低不少于4人，可按工程需要配备总监代表，增设监理员和造价员等。

监理项目部应相对稳定，人员固定、分工明确、各司其职。

3. 组建方式与要求

监理单位在收到中标通知书并与建设管理单位签订合同一个月内成立

监理项目部；监理项目部应设在项目所在地。

中标监理单位应书面文件任命总监理工程师和成立监理项目部，并书面通知建设管理单位。文件分多页，1页为正文，其余页为项目部组成附表；文件应为 A4 纸张，竖版。详见 PDXB-1-2-1 监理项目部成立文件示例和 PDXB-2-2-1 总监理工程师任命文件示例。

各市、县公司配电网工程管理部门应及时将监理项目部成立文件（含变更）逐级上报备份；监理项目部应及时在工程管控系统维护（含变更）监理项目部成员信息。

4. 关键人员持证要求

总监理工程师和监理项目部其余人员任职资格详见 PDXB-3-2-1 监理项目部标准化配置表。

二、总监任命书

监理单位在组建工程监理项目部时，应同时书面任命工程总监理工程师（简称总监）。包括：总监姓名、联系方式、邮箱、身份证和执业资格证书等信息（其中，总监姓名应分别有机打姓名和手工签名，以便识别和防止代签名），以及授权人和法人单位签名和公章。文件应为 A4 纸张，竖版。详见 PDXB-2-2-1 总监理工程师任命书示例。

配电网工程项目部标准化建设工作手册

PDXB－1－2－1 监理项目部成立文件示例

（中标单位名称）公司
关于成立（中标工程名称）工程监理项目部的
报　告

国网××供电分公司（建设管理单位名称）：

　　根据××年度配电网建设与改造工程节点计划，按照标准化管理的相关要求，我公司组建了（中标工程名称）等工程监理项目部，负责该项目的监理工作，监理项目部组织机构见附件。同时启用"××公司××工程监理项目部"印章。

　　工程竣工决算和创优结束后，监理项目部自行解散，以及监理项目部印章废止，不再另行发文。

　　附件：监理项目部组织机构表

监理单位（章）：＿＿＿＿＿＿
＿＿＿＿＿＿年＿＿＿月＿＿＿日

附件：

（中标单位名称）公司

（中标工程名称）工程监理项目部组织机构表

序号	姓名	工作岗位	职称/资格证书	联系电话	备注
		总监			
		安全监理工程师			
		专业监理工程师			根据工程进展及时配置各专业监理工程师
		监理员			可多人
		……			
		信息资料员			
		……			

配电网工程项目部标准化建设工作手册

PDXB-2-2-1 总监理工程师任命书示例

（中标单位名称）公司
关于（中标工程名称）监理项目部
总监理工程师任职的报告

国网××供电分公司（建设管理单位名称）：

　　根据工程建设监理工作的需要，经我公司研究决定，任命×××为（中标工程名称）工程监理项目部总监理工程师，负责履行本工程监理合同，主持项目监理机构工作，并依法对设计使用年限内的工程质量承担相应终身责任。

　　本授权书自授权之日起生效。

总监姓名	（机打姓名）	联系方式	
	（必须手签）	邮箱	
身份证正面图片		身份证背面图片	
监理资格证图片			

法定代表人：　（签字）
监理单位：　（公章）
＿＿＿年＿月＿日

26

三、监理项目部的配置标准

监理项目部应设在工程项目所在地，应有独立办公场所，配备满足独立开展监理工作的各类资源（包括办公、交通、通信、检测、个人安全防护等仪器、设备或工具，以及满足工程需要的法律、法规、规程、规范、技术标准等依据性文件），并在工程建设期间，结合工程实际，合理调整资源配备，满足监理工作需要。配置标准和要求见 PDXB－3－2－1 监理项目部标准化配置表。

PDXB－3－2－1 监理项目部标准化配置表

序号	项目	标　准	备注
一	监理项目部组建及人员配置		
（一）	项目部组建	1. 监理单位应按合同组建监理项目部，合同签订 30 日内以书面文件成立，并向建设管理单位报备。 2. 任职人员资格及数量配置不得低于投标承诺。 3. 监理项目部的组成按以下配置，分别为：总监理工程师（1 人），安全监理工程师（1 人），专业监理工程师（至少 1 人），信息资料员（1 人），监理员（按要求配置）	监理单位原则上不得更换总监理工程师。如需更换的，应征得业主单位同意
（二）	任职资格		
1	总监理工程师	1. 经监理单位法定代表人书面任命。 2. 年龄不大于 65 周岁。 3. 在 2 年内参加过省（市）级公司举办的安全培训，经考试合格，并具备下列条件之一： （1）具备国家注册监理工程师或电力行业或省（市）级专业监理工程师资格。 （2）具有电力行业监理员及以上专业资格，从事电力建设监理工作 5 年，具有相关工作经验。 （3）具有工程类注册执业资格或具有副高级以上专业技术职称，5 年及以上工程实践经验并经监理业务培训的人员	

序号	项目	标　准	备注
2	专业监理工程师	1. 具有工程类注册职业资格或具有中级及以上专业技术职称，2 年及以上工程实践经验并经监理业务培训的人员。 2. 经监理单位项目部成立文件应确定专业监理。 3. 年龄不大于 65 周岁	
3	安全监理工程师	1. 两年内应参加过国家电网公司、网省公司或省级安全管理部门举办的安全培训，且经考试合格。 2. 经监理单位项目部成立文件应确定安全监理。 3. 年龄不大于 65 周岁。 4. 具备下列条件之一： （1）具有省市级专业监理工程师岗位资格证书且在有效期内。 （2）从事电力建设工程安全管理工作 3 年以上，且具有大专及以上学历。 （3）从事电力建设工程安全管理工作 10 年以上	
4	监理员	1. 具有中专及以上学历，并经过监理业务培训（省级行业协会培训证书）。 2. 年龄不大于 65 周岁	
5	信息资料员	熟悉配电网工程建设监理信息档案管理知识，熟练应用配电网工程管理信息系统，经监理公司内部培训合格	
二	监理项目部设备、设施		
（一）	办公场所	1. 监理项目部办公场所为不小于 15m² 的独立办公室。 2. 办公室入口应设立监理项目部铭牌。 3. 办公室布置应规范整齐，办公设施齐全，定置到位。 4. 张挂 5 职责、2 图 3 牌 2 表及其他规定上墙资料	1. 不得与其他项目部或监理单位共用房间。 2. 铭牌：不锈钢哑光材质，600mm×900mm，含公司名称、项目部名称

续表

序号	项目	标　准	备注
（二）	办公设备		
1	*计算机	1. 数量应满足工程需要，不少于 1 台。 2. 确保网络畅通，且网速不低于 2MB	1. "*"为必备项，其余为视需配置，且为最低配置数量。 2. 打印、复印、扫描可用多功能一体机。 3. 手机已安装管控 APP 的，数码相机可酌减
2	*办公桌椅	满足人手 1 套	
3	*文件柜	数量应满足工程需要，且不少于 2 面	
4	*打印机	不少于 1 台	
5	*复印机	不少于 1 台	
6	*扫描仪	不少于 1 台	
7	拍照设备	按需配置	
（三）	常规检测设备和工具		
1	*游标卡尺	1 把，测量范围 0～200mm	1. "*"为必备项，其余为视需配置，且为最低配置数量。 2. 数量和型号应满足工程要求和投标文件。 3. 检验合格，并在有效期内
2	*力矩扳手	2 把，20～100N·m 和 100～150N·m 各一把	
3	*接地摇表	1 台，型号 ZC－8	
4	*钢卷尺	1 把，测量范围 5m	
5	*塞尺	1 把，测量范围 0.02～3mm，不锈钢	
6	*手推轮式测距仪	1 台，测量范围 0－99999.9m	
7	*望远镜	1 台	
8	*放大镜尺	1 把，光学 10× 以上，最小刻度 0.05mm	
9	*激光水平仪	1 台，室外 15m 以上可见、3 线	
10	测厚仪	1 台，测量范围 0～1250μm，视需配置	
11	回弹仪	1 台，视需配置（有基础或建筑工程的为必备项）	

续表

序号	项目	标　　准	备注
12	经纬仪	1台，视需配置	
（四）	安全防护用品	1. 安全帽：每人一顶。 2. 其他个人安全防护用品（工作服、绝缘靴等）按实际需求配备	数量满足人员配置要求，经鉴定合格，并在有效期内
（五）	交通工具	应按投标文件配备，满足工程实际需要且不得影响正常工作的开展	

四、监理项目部的公章制作

监理项目部应刻制监理项目部公章，并自工程开工时启用，工程竣工决算后废止，制作要求如下：

（1）按公安部门公章有关管理规定制作。

（2）上部的"中标单位"公司名称应与工商营业执照名称一致。

（3）底部为"××县××年配电网工程监理项目部"，或"中标工程名称+监理项目部"。

（4）版式图样见 PDXB-4-2-1 监理项目部公章示例。

PDXB-4-2-1 监理项目部公章示例

五、监理项目部的岗位职责

1. 监理项目部工作职责

严格履行监理合同，对工程安全、质量、造价、进度进行控制，对合同、信息进行管理，对工程建设相关方的关系进行协调，并履行建设工程安全生产管理法定职责，努力促进工程各项目标的实现。

（1）建立健全监理项目部安全、质量组织机构，严格执行工程管理制度，落实岗位职责，确保监理项目部安全质量管理体系有效运作。

（2）对施工图进行预检并记录，汇总施工项目部的意见，参加设计交底及施工图会检，监督有关工作的落实。

（3）结合工程项目的实际情况，组织编制监理工作策划文件，报业主项目部批准后实施。

（4）审查项目管理实施规划（施工组织设计）、施工方案（措施）等施工策划文件，提出监理意见，报业主项目部审批。

（5）根据工程不同阶段和特点，对现场监理人员进行岗前教育培训、项目管理文件、合同交底和技术交底。

（6）审核开工报审表及相关资料，报业主批准后，签发工程开工令。

（7）审查施工分包商报审文件，对施工分包管理进行监督检查。

（8）审查施工项目部编制施工进度计划并督促实施；比较分析进度情况，采取措施督促施工项目部进行进度纠偏。

（9）定期检查施工现场，发现存在事故隐患的，应要求施工项目部整改；情况紧急或严重的，应要求施工项目部立即或暂停施工，并及时报告业主项目部。施工项目部拒不整改或不停止施工的，应及时向有关主管部门汇报。

（10）组织进场设备、材料的检查验收；通过见证、旁站、巡视、平行检验等手段，对全过程施工质量实施有效控制。

（11）监督、检查工程管理制度、建设标准强制性条文、标准工艺、质量通病防治措施的执行和落实。通过数码照片等管理手段强化施工过程质量和工艺控制。

（12）按规定开展工程设计变更和现场签证管理。

（13）审核工程进度款支付申请，按程序处理索赔，参加竣工结算。

（14）审核安全文明施工费用报审，督促安全文明施工费用的现场落实。

（15）定期组织召开监理例会，参加与本工程建设有关的协调会。

（16）使用基建管理系统上报工程及监理工作信息，负责工程信息与档案监理资料的收集、整理、上报、移交工作。

（17）配合各级检查、质量监督、竞赛评比等工作，完成自身问题整改闭环，监督施工项目部完成问题整改闭环。

（18）组织开展监理初检工作，做好工程中间验收、竣工预验收、启动验收、试运期间的监理工作。

（19）项目投运后，及时对监理工作进行总结。

（20）负责质保期内监理服务工作，参加项目达标投产和创优工作。

2. 监理项目部人员工作职责

监理项目部总监理工程师、安全监理工程师、专业监理工程师、监理员、信息资料员等岗位职责见 PDXB - 5 - 2 - 1。

PDXB - 5 - 2 - 1 监理项目部岗位职责

监理项目部岗位职责

岗 位	职 责
总监理工程师	1. 总监理工程师是监理单位履行工程监理合同的全权代表，全面负责建设工程监理实施工作。 2. 确定项目监理机构人员及其岗位职责。 3. 组织编制监理规划。 4. 对全体监理人员进行监理规划、安全监理工作方案的交底和相关管理制度、标准、规程规范的培训。 5. 根据工程进展及监理工作情况调配监理人员，检查监理人员工作。 6. 组织召开监理例会。 7. 组织审核分包单位资格。 8. 组织审查施工项目管理实施规划、（专项）施工方案。 9. 审查开复工报审表，签发工程开工令、暂停令。 10. 组织检查施工单位现场质量、安全生产管理体系的建立及运行情况。

续表

岗位	职　责
总监理工程师	11. 组织审核施工单位的付款申请，参与竣工结算。 12. 组织审查和处理工程变更。 13. 调解建设管理单位与施工单位的合同争议，处理工程索赔。 14. 组织验收分部工程，组织审查单位工程质量检验资料。 15. 审查施工单位的竣工申请，组织工程监理初检，组织编写工程质量评估报告，参与工程监理初检和竣工验收。 16. 参与或配合工程质量安全事故的调查和处理。 组织编写监理月报、监理工作总结，组织整理监理文件资料
安全监理工程师	1. 在总监理工程师或总监代表的领导下负责工程建设项目安全监理的日常工作。 2. 协助总监理工程师或总监代表做好安全监理策划工作，编写监理规划中的安全监理内容和安全监理工作方案。 3. 审查施工单位的安全资质，审查项目经理、专职安全管理人员、特种作业人员的上岗资格，并在过程中检查其持证上岗情况。 4. 参加项目管理实施规划和专项安全技术方案的审查。 5. 审查施工项目部或施工项目分部三级以上风险清册，督促做好施工安全风险预控。 6. 参与专项施工方案的安全技术交底，监督检查作业项目安全技术措施的落实。 7. 组织或参加安全例会和安全检查，督促并跟踪存在问题整改闭环，发现重大安全事故隐患及时制止并向总监理工程师报告。 8. 审查安全费用的使用。 9. 协调交叉作业和工序交接中安全文明施工措施的落实。 10. 负责安全监理工作资料的收集和整理。 11. 参加编写监理日志和监理月报。 12. 负责做好安全管理台账以及安全监理工作资料的收集和整理
专业监理工程师	1. 参与监理规划的编制工作。 2. 审查施工单位提交的涉及本专业的报审文件，并向总监理工程师或总监代表报告。 3. 指导、检查监理员工作，定期向总监理工程师或总监代表（监理组长）报告本专业监理工作实施情况。 4. 检查进场的工程材料、构配件、设备的质量。 5. 验收检验批、隐蔽工程、分项工程，参与验收分部工程。 6. 处置发现的质量问题。 7. 进行工程计量。 8. 参与工程变更的审查和处理。 9. 组织编写监理日志，参与编写监理月报。 10. 收集、汇总、参与整理本专业监理文件资料。 11. 参与工程监理初检和竣工验收

续表

岗位	职　责
监理员	1. 检查施工单位投入工程的人力、主要设备的使用及运行状况。 2. 进行见证取样。 3. 复核工程计量有关数据。 4. 检查工序施工结果。 5. 担任旁站监理工作，核查特种作业人员的上岗证。 6. 检查、监督工程现场的施工质量、安全状况及措施的落实情况，发现施工作业中的问题，及时指出并向总监理工程师或总监代表（监理组长）报告。 7. 做好相关监理记录
信息资料员	1. 负责对工程各类文件资料进行收发登记。分类整理，建立资料台账，并做好工程资料的储存保管工作。 2. 熟悉国家电网公司配电网工程建设标准化工作要求，负责配电网管理信息系统相关资料的录入。 3. 负责工程文件资料在监理项目部或监理项目分部（组）内的及时流转。 4. 负责对工程建设标准文本进行保管和借阅管理。 5. 协助总监理工程师或总监代表（监理组长）对受控文件进行管理，保证监理人员及时得到最新版本。 6. 负责工程监理资料的整理和归档工作
造价员	1. 负责项目建设过程中的投资控制工作，并做好监理记录；严格执行国家、行业和企业标准，贯彻落实建设管理单位有关投资控制的要求。 2. 协助总监理工程师处理设计变更。 3. 协助总监理工程师审核上报工程进度款支付申请和月度用款计划。 4. 参加建设管理单位组织的工程竣工结算审查工作会议。 5. 负责收集、整理投资控制的基础资料，并按要求归档

六、监理项目部的上墙资料

本部分对监理项目部的上墙资料在目标、职责、图表等方面进行了明确和规范。但应注意的是，文中要求为最低配置标准，各项目部应根据工程实际需要进行增补。

上墙资料除项目部铭牌、晴雨表和工程项目汇总表外，其余均应为 A1
（594mm×840mm）、竖版，样式如 PDXB－6－X－X。

PDXB－6－X－X 上墙图表示例

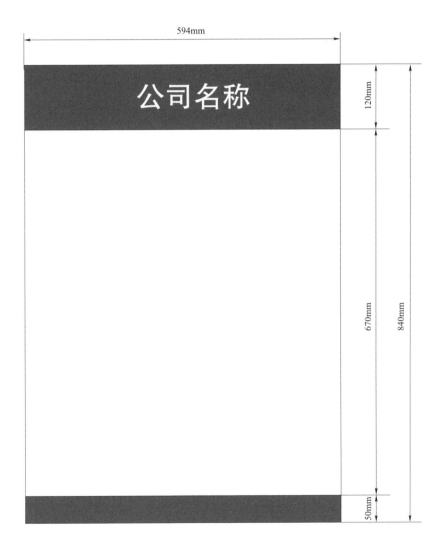

公司名称

注：国网绿标准色值为：CMYK：C：100　M：5　Y：50　K：40；RGB：R：0　G：
101　B：105。

监理项目部上墙资料由职责和图表两部分组成，有 6 职责、2 图 3 牌 2 表，共 13 项。上墙资料名称及制图规格见 PDXB-6-2-1，各上墙资料样式见 PDXB-6-2-2～PDXB-6-2-9。

PDXB-6-2-1 监理项目部上墙资料目录

序号	上墙资料名称	制图规格
一、职责		
1	总监理工程师工作职责	A1：594mm×840mm（宽×高），竖版
2	安全监理工程师工作职责	A1：594mm×840mm（宽×高），竖版
3	专业监理工程师工作职责	A1：594mm×840mm（宽×高），竖版
4	监理员工作职责	A1：594mm×840mm（宽×高），竖版
5	信息资料员工作职责	A1：594mm×840mm（宽×高），竖版
6	造价员工作职责	A1：594mm×840mm（宽×高），竖版
二、图表		
1	项目部铭牌	900mm×600mm（宽×高），横版，不锈钢，哑光
2	组织机构图	A1：594mm×840mm（宽×高），竖版
3	安全网络图	A1：594mm×840mm（宽×高），竖版
4	安全记录牌	A1：594mm×840mm（宽×高），竖版
5	应急联络牌	A1：594mm×840mm（宽×高），竖版
6	晴雨表	A0：1189mm×841mm（宽×高），横版
7	工程汇总表	尺寸不做要求

监理项目部各岗位职责见本章"五、监理项目部的岗位职责"，样式如下：

PDXB－6－2－2 岗位职责示例

594mm

120mm

国家电网
STATE GRID

江西诚达工程咨询监理有限公司
JIANGXI CHENGDA ENGINEERING CONSULTING & SUPERVISION CO .,LTD

总监理工程师工作职责

1. 总监理工程师是监理单位履行工程监理合同的全权代表，全面负责建设工程监理实施工作。
2. 确定项目监理机构人员及其岗位职责。
3. 组织编制监理规划，审批监理实施细则。
4. 对全体监理人员进行监理规划、安全监理工作方案的交底和相关管理制度、标准、规程规范的培训。
5. 根据工程进展及监理工作情况调配监理人员，检查监理人员工作。
6. 组织召开监理例会。
7. 组织审核分包单位资格。
8. 组织审查施工项目管理实施规划、（专项）施工方案。
9. 审查开复工报审表，签发工程开工令、暂停令。
10. 组织检查施工单位现场质量、安全生产管理体系的建立及运行情况。
11. 组织审核施工单位的付款申请，参与竣工结算。
12. 组织审查和处理工程变更。
13. 调解建设管理单位与施工单位的合同争议，处理工程索赔。
14. 组织验收分部工程，组织审查单位工程质量检验资料。
15. 审查施工单位的竣工申请，组织工程监理初检，组织编写工程质量评估报告，参与工程监理初检和竣工验收。
16. 参与或配合工程质量安全事故的调查和处理。
17. 组织编写监理月报、监理工作总结，组织整理监理文件资料。

670mm　840mm

50mm

PDXB-6-2-3 监理项目部铭牌

注：不锈钢材质（203号以上、1mm），哑光，上部为原色，下部为国网绿色。

PDXB-6-2-4 组织机构图

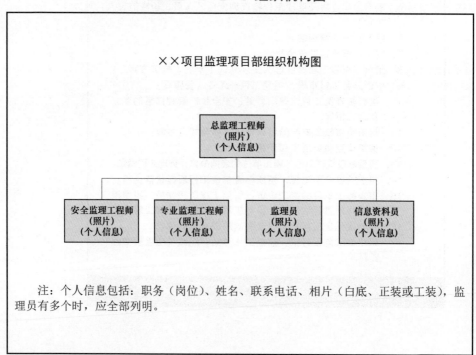

注：个人信息包括：职务（岗位）、姓名、联系电话、相片（白底、正装或工装），监理员有多个时，应全部列明。

注：图样版式详见 PDXB-6-X-X 上墙图表示例。

PDXB－6－2－5　安全网络图

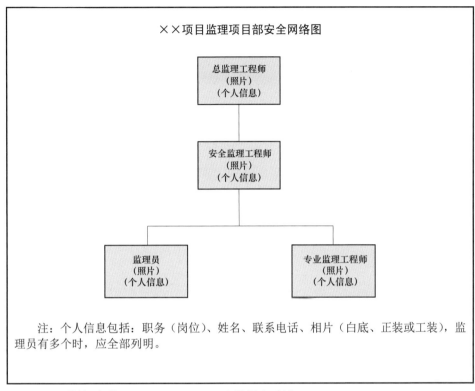

××项目监理项目部安全网络图

注：个人信息包括：职务（岗位）、姓名、联系电话、相片（白底、正装或工装），监理员有多个时，应全部列明。

注：图样版式详见 PDXB－6－X－X 上墙图表示例。

PDXB－6－2－6　安全记录牌

安全记录牌

×××项目
安全记录：×××天
实际开工：＿＿＿＿年＿＿月＿＿日
计划竣工：＿＿＿＿年＿＿月＿＿日
统计时间：＿＿＿＿年＿＿月＿＿日

注：图样版式详见 PDXB－6－X－X 上墙图表示例。

PDXB-6-2-7 应急联络牌

应 急 联 络 牌

一、应急救援组织

组　　长：××（姓名）（手机）

副组长：××（姓名）（手机）　　××（姓名）（手机）

组　　员：××（姓名）（手机）　　××（姓名）（手机）

　　　　　××（姓名）（手机）　　××（姓名）（手机）

　　　　　××（姓名）（手机）　　××（姓名）（手机）

　　　　　××（姓名）（手机）　　××（姓名）（手机）

二、应急设备

担架、灭火器、应急药箱、面包车、皮卡车

三、应急电话

常用应急电话：火警：119　医疗：120　匪警：110

沿线路应急电话：

××医　　院：××（电话）

××卫生院：××（电话）

××卫生院：××（电话）

××卫生院：××（电话）

××卫生院：××（电话）

注：图样版式详见 PDXB-6-X-X 上墙图表示例。

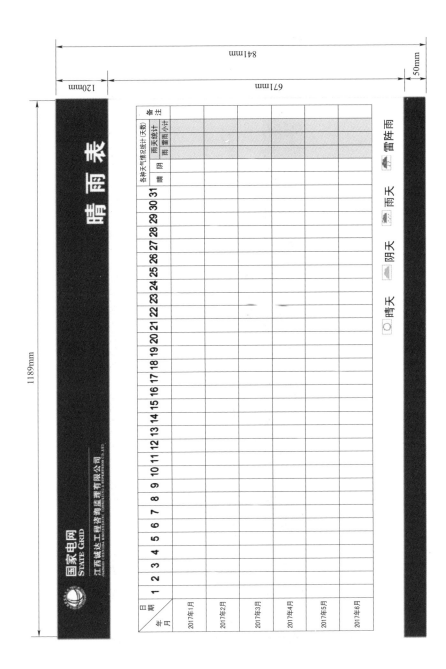

PDXB－6－2－8　晴雨表

PDXB－6－2－9 工程项目进度表

国家电网 STATE GRID
国网赣州供电公司

× × 公司 × × 项目进度表

序号	单体项目名称	子项工程名称	主要规模及投资	里程碑开工时间	实际开工时间	里程碑投产时间	实际投产时间	基础施工	杆塔组立	导线展放	设备安装	接地工程	备 注
1	10kV××线改造工程	××10kV线路	以初设批复为准	填写上报时间		填写上报时间							
		××配电变压器	以初设批复为准	填写上报时间		填写上报时间							
		××低压线路	以初设批复为准	填写上报时间		填写上报时间							
2	10kV××线改造工程	××10kV线路	以初设批复为准	填写上报时间		填写上报时间							
		××配电变压器	以初设批复为准	填写上报时间		填写上报时间							
		××低压线路	以初设批复为准	填写上报时间		填写上报时间							

第三章
施工项目部标准化建设

一、施工项目部的组成

1. 定位

施工项目部是指由施工单位（项目承包人）成立并派驻施工现场，代表施工单位履行施工承包合同的项目管理组织机构。

2. 组建原则

施工项目部人员包括：施工项目经理、安全员、质检员、技术员、信息资料员、材料员等，视工程需要可增设项目副经理、造价员、综合管理员、施工协调员等人员，以及施工工作负责人若干名。

施工项目经理（副经理）、安全员、质检员、技术员和施工工作负责人为项目部关键人员，应与投标文件保持一致；其中项目经理不得兼职两个以上的同类在建工程，安全员为专职不得在其他工程项目和本项目部内兼职，质检员和技术员可在本项目部另兼信息资料员或材料员一职但不得互相兼职，施工工作负责人数量应满足工程需要及公司相关要求。

施工项目部应相对稳定，人员固定、分工明确、各司其职。

3. 组建方式与要求

施工单位在收到中标通知书并与建设管理单位签订合同一个月内成立施工项目部；施工项目部应设在项目所在地。

中标施工单位应书面文件授权施工项目经理和成立施工项目部，并书面通知监理项目部、业主项目部及建设管理单位。文件分多页，1页为正文，其余为项目部组成附表；文件应为 A4 纸张，竖版。详见 PDXB-1-3-1 施工项目部成立文件示例和 PDXB-2-3-1 施工项目经理授权文件示例。

各市、县公司配电网工程管理部门应及时将施工项目部成立文件（含变更）逐级上报备份；施工项目部应及时在工程管控系统维护（含变更）施工项目部成员信息。

4. 关键人员持证要求

施工项目经理和施工项目部其余人员任职资格详见 PDXB-3-3-1 施工项目部标准化配置表。

二、施工项目经理授权书

施工单位在组建工程施工项目部时，应同时书面授权工程施工项目经理。包括：授权人和被授权人的姓名、联系方式、邮箱、身份证等信息（其中授权人和被授权人的姓名应分别有机打姓名和手工签名，以便识别和防止代签名），以及法人单位公章。文件应为 A4 纸张，竖版。详见 PDXB-2-3-1 施工项目经理授权书示例。

PDXB-1-3-1 施工项目部成立文件示例

（中标单位名称）公司
关于成立 （中标工程名称） 工程施工项目部的
报　　告

国网××供电分公司（建设管理单位名称）：

　　根据××年度配电网建设与改造工程节点计划，按照标准化管理的相关要求，我公司组建了 （中标工程名称） 等工程施工项目部，负责该项目的建设任务，施工项目部组织机构见附件。同时启用"×××公司×××工程施工项目部"印章。

　　工程竣工决算和创优结束后，施工项目部自行解散，以及施工项目部印章废止，不再另行发文。

　　附件：施工项目部组织机构表

施工单位（章）：＿＿＿＿＿

＿＿＿＿＿年＿＿月＿＿日

附件：

（中标单位名称）公司

（中标工程名称）工程施工项目部组织机构表

序号	姓名	管理岗位	职称/资格证书	联系电话	备注
		项目经理			
		项目副经理			视工程所需增设
		安全员			不得兼职
		质检员			不得兼技术员
		技术员			不得兼质检员
		资料信息员			
		材料员			
		造价员			视工程所需增设
		协调员			视工程所需增设
		工作负责人			
		工作负责人			
		工作负责人			

PDXB-2-3-1 施工项目经理授权书示例

（中标单位名称）公司
法定代表人授权书

国网×××供电分公司（建设管理单位名称）：

　　兹授权我单位×××担任（中标工程名称）工程项目的施工项目经理，对该工程项目的安全文明施工负责，依据国家有关法律法规、标准规范及国家电网公司相关规定履行职责，并依法对设计使用年限内的工程质量承担相应终身责任。

　　本授权书自授权之日起生效。

授权人 姓名	（法人代表姓名，机打）	被授权人 姓名	（施工项目经理 姓名，机打）
	（必须手签）		（必须手签）
身份证正面图片		身份证正面图片	
身份证背面图片		身份证背面图片	
联系方式		联系方式	
邮箱		邮箱	
授权期限	×× 年 × 月至 ×× 年 × 月		

授权单位（盖章）：_____

_____年___月___日

三、施工项目部的配置标准

施工项目部应设在工程项目所在地，应有独立办公场所、生活区和材料站，配备满足开展施工的办公、施工、交通、通信、检测、个人安全防护等设备和工机具，配置标准和要求见 PDXB－3－3－1 施工项目部标准化配置表。

PDXB－3－3－1 施工项目部标准化配置表

序号	项目	标　准	备注
一	施工项目组建及人员配置		
（一）	项目部组建	1. 施工单位应在合同签订后 30 日内按合同组建施工项目部，以书面文件成立，同时书面任命项目经理及其他主要管理人员，并向建设管理单位报备。 2. 任职人员资格及数量配置不得低于投标承诺。 3. 施工项目部的组成配置分别为：项目经理、安全员、质检员、技术员、材料员、资料员等，按需配置造价员和协调员。项目经理和安全员应为专职，质检员、技术员可在本项目部内再兼一职，但不得互相兼职；工作负责人按照各省市公司要求配置，可视情况增加。 4. 施工项目分部（如有）：项目副经理（分部负责人）、安全员和技术员不得兼职，其余人员按需配置，同一人不得兼任 2 个以上职务	1. 当中标合同中含多地的，应在量较大地成立施工项目部，其他各地可成立施工项目分部。项目部直接领导项目分部开展工作，并对其负责。 2. 项目经理不得同时兼职两个以上在建工程管理工作。 3. 施工单位原则上不得更换项目经理，如需更换，应征得建设管理单位同意，并报监理项目部备案
（二）	任职资格		
1	项目经理（项目副经理）	1. 项目经理由具备良好综合管理能力和协调能力的管理人员担任，其他管理人员由具备专业管理能力和丰富实践经验的人员担任。	

续表

序号	项目	标　准	备注
1	项目经理 （项目副经理）	2. 单项合同额 400 万元及以上的工程，项目经理应取得工程建设类二级及以上相应专业注册建造师资格证书；单项合同额 400 万元以下的工程，项目经理应取得施工员资格证书满 5 年以上或中级以上技术职称。 3. 持有政府相关部门颁发的项目负责人安全生产考核合格证书（安全 B 证）。具有 2 年以上电力工程施工管理经历	
2	安全员	1. 持有政府相关部门颁发的安全员证和安全 C 证。 2. 国家电网公司、省级公司颁发的安全培训合格证书。 3. 具有从事 2 年以上工程施工安全管理经历	
3	质检员	1. 持有政府相关部门颁发的质检员证或电力质量监督部门颁发的质检员证。 2. 具有从事 2 年以上工程施工质量管理经历	
4	技术员	1. 持有政府相关部门颁发的技术员证。 2. 具有从事 2 年以上工程施工技术管理经历	
5	造价员	持有政府相关部门颁发的造价员证	
6	材料员	持有政府相关部门颁发的材料员证	
7	资料员	持有政府相关部门颁发的资料员证	
8	工作负责人	1. 持有政府相关部门颁发的高压电工证和高处作业证。 2. 具有相关工作经验，并经所在施工单位安全培训考试合格及书面任命	应含在项目部成立文件内

续表

序号	项目	标　　准	备注
二	施工项目部设备、设施		
（一）	办公区布置	1. 在现场设立施工项目部或施工项目分部，办公场地满足工程规模要求，且不小于 50m²。 2. 办公室入口应设立施工项目部铭牌。 3. 办公区应独立设置，布置应规范整齐，办公设施齐全，定置到位。并设置可容纳不少于 10 人以上的会议室。 4. 按要求张挂 6 职责、2 图 2 牌 2 表、4 展板等上墙资料	1. 办公区不得与其他项目部或施工单位共用办公场所，且与施工区及生活区隔离。 2. 铭牌：不锈钢哑光材质，600mm×900mm，含公司名称、项目部名称。 3. 应定置摆放
（二）	生活区布置	1. 生活区与办公区隔离设置，做到布置合理、整洁卫生，用电规范。 2. 食堂应符合卫生防疫及环保要求	1. 生活区应注意用水用电安全。 2. 食堂应有专人负责，谨防食物中毒
（三）	材料站布置	1. 中标金额 400 万元以上，材料站面积不低于 200mm²；中标金额 400 万元以下，材料站面积不低于 100mm²。 2. 材料站选择应合理，远离河道、易塌方等易生灾害区域。 3. 场地排水通畅、具备防潮功能。 4. 采取区域化管理，工器具库房、材料区及加工区分开设置并定置。 5. 安全工器具与生产工器具受场地影响的，可同室存放，但应分区摆放，且面积不得小于 10mm²	1. 应注意用水用电安全。 2. 应有适当的防盗和保安措施。 3. 应有必要的消防设施，且合格有效。 4. 应有必要防潮措施，室内设备、电缆附件不得露天裸放。 5. 应定置分类摆放
（四）	办公设备		
1	*计算机	1. 数量应满足工程需要，不少于 1 台。 2. 内、外网络通信畅通	1. "*"为必备项，其余为视需配置，且为最低配置数量。 2. 施工项目分部也应按此标准配置。 3. 数量和型号应满足工程要求和投标文件。
2	*办公桌椅	满足人手 1 套	
3	*文件柜	数量应满足工程需要，且不少于 2 面	

续表

序号	项目	标 准	备注
4	*打印机	不少于 1 台	4. 打印、复印、传真、扫描可用多功能一体机。 5. 手机已安装管控APP 的,数码相机可酌减
5	*复印机	不少于 1 台	
6	*传真机	不少于 1 台	
7	*扫描仪	不少于 1 台	
8	*投影仪	1 台, 配荧幕(有大屏显示器/60in 及以上的, 可替代)	
9	数码相机	数量应满足工程需要	
(五)	工器机具		
1	*绞磨	1 台, 3t 以上	1. "*"为必备项, 其余为视需配置, 且为最低配置数量。 2. 数量和型号应满足工程要求和投标文件。 3. 各工器机具均应检验合格, 并在有效期内
2	*振捣棒	1 台	
3	*发电机	1 台, 不小于 2kW	
4	*电焊机	1 台	
5	*对讲机	若干	
6	*地锚	若干	
7	*卸扣	若干	
8	*手板葫芦	若干	
9	*链条葫芦	若干	
10	*滑车	若干(含放线滑车和转向滑车)	
11	*钢丝绳	若干	
12	*绝缘绳	若干	
13	*扒杆	若干	

续表

序号	项目	标　准	备注
（六）	检测仪器		
1	*游标卡尺	1把，测量范围0～200mm	
2	*扭矩扳手	2把，力矩范围20～100N·m和100～150N·m各1把	
3	*卷尺	钢卷尺1把/5m，皮尺1把/50m	
4	*接地摇表	1台，型号ZC-8	1．"*"为必备项，其余为视需配置，且为最低配置数量。 2．按工程需求选配其他检测仪器，数量应满足工程要求。 3．各仪器仪表应经检验合格，并在有效期内
5	*回弹仪	1台（有混凝土工程的回弹仪为必备项）	
6	*水准仪	1台	
7	全站仪	1台	
8	*经纬仪	1台	
9	*水平尺	1把	
10	*电子秤	1台	
11	*激光水准仪	2台，室外15m以上可见、3线	
（七）	安全用品器具		
1	*安全帽	不少于每人一顶	1．"*"为必备项，其余为视需配置，且为最低配置数量。 2．均应经检验、检测合格，并在有效期内。 3．按工程需求配置
2	*安全带	登高人员每人一根安全带	
3	*接地线	10kV和0.4kV均不少于6副	
4	*验电笔	10kV和0.4kV均不少于2副	

续表

序号	项目	标　　准	备注
5	*绝缘手套	若干	1. "*"为必备项，其余为视需配置，且为最低配置数量。 2. 均应经检验、检测合格，并在有效期内。 3. 按工程需求配置
6	*绝缘鞋	若干	
7	*反光背心	若干	
8	*安全警示牌	若干	
9	*安全围栏	若干	
10	*急救箱	不少于一个	
11	速差自控器	若干	
（八）	交通工具	应满足工程实际需要，且不小于1台	

四、施工项目部的公章制作

施工项目部应刻制施工项目部公章，并自工程开工时启用，工程竣工决算后废止，当有施工项目分部时，各分部不得另行制作公章，制作要求如下：

（1）按公安部门公章有关管理规定制作。

（2）上部"中标单位"公司名称应与工商营业执照名称一致。

（3）底部为"××县××年配电网工程施工项目部"，或"中标工程名称＋施工项目部"。

（4）版式图样见PDXB－4－3－1施工项目部公章示例。

PDXB–4–3–1 施工项目部公章示例

五、施工项目部的岗位职责

1. 施工项目部工作职责

施工项目部负责组织实施施工合同范围内的具体工作，执行有关法律法规及规章制度，对项目施工安全、质量、进度、造价、技术等实施现场管理。

（1）贯彻执行国家、行业、地方相关建设标准、规程和规范，落实国家电网公司各项配电网工程管理制度。

（2）建立健全项目、安全、质量等管理网络，落实管理责任。

（3）编制项目管理策划文件，报监理项目部审查、业主项目部审批后实施。

（4）报送施工进度计划及停电需求计划，并进行动态管理；及时反馈物资供应情况。

（5）配合建设管理单位办理工程施工许可手续及协调项目建设外部环境，依法合规开展工程建设，重大问题及时上报业主项目部。

（6）负责施工项目部人员及施工人员的安全、质量培训和教育，提供必需的安全防护用品和检测、计量设备。

（7）定期召开或参加工程例会、专题协调会，落实业主、监理项目部的管理工作要求，协调解决施工过程中出现的问题。

（8）对分包工程实施有效管控，确保分包工程的施工安全和质量。

（9）开展施工风险识别、评估工作，制订预控措施，并在施工中落实。

（10）配备施工机械管理人员，落实施工机械安全管理责任，监控施工过程中起重机械的安装、拆卸、重要吊装、关键工序作业；负责施工队（班组）安全工器具的定期试验、送检工作。

（11）参与编制和执行各类现场应急处置方案，配置现场应急资源，开展应急教育培训和应急演练，执行应急报告制度。

（12）负责组织现场安全文明施工，按相关要求开展工作；开展并参加各类安全检查，对存在的问题闭环整改，对重复发生的问题制订防范措施。

（13）组织施工图预检，参加设计交底及施工图会检，严格按图施工。

（14）全面应用标准工艺，落实质量通病防治措施，通过数码照片等管理手段严格控制施工全过程的质量和工艺。

（15）规范开展施工质量自检工作，配合各级质量检查、质量监督、质量竞赛、质量验收等工作。

（16）报审工程资金使用计划，提交进度款申请，配合工程结算、审计以及财务稽核工作。

（17）负责编制施工方案、作业指导书或安全技术措施，组织全体作业人员参加交底，并按规定在交底书上签字确认。

（18）按工程管控信息化各项管理要求，执行项目部现场人员、软硬件设备配置标准，及时、准确、完整填报本项目部涉及信息。

（19）负责施工档案资料的收集、整理、归档、移交工作。

（20）工程发生质量事件、安全事故时，按规定程序及时上报，同时参与并配合项目质量事件、安全事故调查和处理工作。

（21）负责项目质保期内保修工作；参与工程达标投产和创优工作。

2.施工项目部人员工作职责

施工项目部项目经理（副经理）、安全员、质检员、技术员、信息资料员、材料员、造价员、综合管理员、施工协调员等岗位职责见 PDXB－5－3－1。

PDXB－5－3－1 施工项目部岗位职责

岗位	职 责
项目经理 （副经理）	施工项目经理是施工现场管理的第一责任人，全面负责施工项目部各项管理工作（施工项目副经理协助施工项目经理履行职责）。 　1. 主持施工项目部工作，在授权范围内代表施工单位全面履行施工承包合同。对施工生产和组织调度实施全过程管理，确保工程施工顺利进行。 　2. 组织建立相关施工责任制和各专业管理体系，组织落实各项管理组织和资源配备，并监督有效运行。负责项目部员工管理绩效的考核及奖惩。 　3. 组织编制项目管理实施规划（施工组织设计），并负责监督落实。 　4. 组织制订施工进度、安全、质量及造价管理实施计划，实时掌握施工过程中安全、质量、进度、技术、造价、组织协调等总体情况。组织召开项目部工作例会，安排部署施工工作。 　5. 对施工过程中的安全、质量、进度、技术、造价等管理要求和执行情况进行检查、分析及组织纠偏。 　6. 负责组织处理工程实施和检查中出现的重大问题，并制订纠正预防措施。特殊困难及时提请有关方协调解决。 　7. 合理安排项目资金使用。落实安全文明施工费申请、使用。 　8. 负责组织落实安全文明施工、职业健康和环境保护有关要求。负责组织对重要工序、危险作业和特殊作业项目开工前的安全文明施工条件进行检查并签证确认。负责组织对分包商进场条件进行检查，对分包队伍实行全过程安全管理。 　9. 负责组织工程班组级自检、项目部级复检和质量评定工作，配合公司级专检、监理初检、中间验收、竣工预验收、启动验收和启动试运行工作，并及时组织对相关问题进行闭环整改。 　10. 参与或配合工程安全事件和质量事件的调查处理工作。 　11. 项目投产后，组织对项目管理工作进行总结。配合审计工作，安排项目部解散后的收尾工作
安全员	协助项目经理负责施工过程中的安全文明施工和管理工作。 　1. 贯彻执行工程安全管理有关法律法规、规程规范和国家电网公司通用制度，参与策划文件安全部分的编制并指导施工现场实施。 　2. 负责施工人员的安全教育和上岗培训，参加项目部组织的安全交底。参与审查安全施工作业票，参与有关安全技术措施等实施文件编制，审查安全技术措施落实情况。 　3. 组织施工安全风险初勘，开展施工风险识别、评估与预控工作，并在施工中督促落实。 　4. 组织编制各类现场应急处置方案，组织并参加应急演练。 　5. 负责布置、检查、指导施工队（班组）安全施工措施的落实工作，并协助施工队（班组）提高专业水平，开展各项业务工作。 　6. 参与施工作业票审查，协助项目经理审核一般方案的安全技术措施，参加安全交底，检查施工过程中安全技术措施落实情况。

续表

岗位	职　　责
安全员	7. 审查施工人员进出场工作，检查作业现场安全措施落实情况，制止不安全行为。 8. 监督检查进入现场的施工机械和工器具的安全状况，并监控施工过程中起重吊装等关键工序的安全作业。负责施工队（班组）安全工器具的定期试验、送检工作。 9. 监督、检查施工场所的安全文明施工情况，组织召开或参加安全工作会议，落实上级和项目安全委员会、业主、监理项目部的安全管理工作要求。 10. 负责编制安全防护用品和安全工器具的需求计划，建立项目安全管理台账。 11. 检查作业场所的安全文明施工状况，督促问题整改。制止和处罚违章作业和违章指挥行为。做好安全工作总结。 12. 开展并参加各类安全检查，对存在的问题闭环整改。参与并配合安全事件的调查处理，制止和处罚违章作业和违章指挥行为。 13. 负责项目建设安全信息收集、整理与上报，每月按时上报安全信息月报
质检员	协助项目经理负责项目实施过程中的质量控制和管理工作。 1. 认真贯彻执行上级和公司颁发的规章制度、技术规范、质量标准，参与编制符合项目管理实际情况的质量实施细则和措施，并在施工过程中监督落实和业务指导。 2. 对现场工程质量工艺实施有效管控，监督检查现场工程的施工质量工艺。 3. 定期检查工程施工质量工艺情况，监督质量工艺检查问题闭环整改情况，配合各级质量工艺检查和质量验收等工作。 4. 组织进行隐蔽工程和关键工序检查，对不合格的项目应责成返工，督促班组做好质量工艺自检和施工记录的填写工作。 5. 按照工程质量管理及资料归档有关要求，收集、审查、整理施工记录表格、试验报告等资料。 6. 参与并配合工程质量事件调查
技术员	贯彻执行有关技术管理规定，协助项目经理做好施工技术管理工作。 1. 熟悉有关设计文件，及时提出设计文件存在的问题。协助项目经理做好设计变更的现场执行及闭环管理。 2. 编制作业指导书等技术文件并组织进行交底，在施工过程中监督落实。 3. 在工程施工过程中随时对施工现场进行检查和提供技术指导，存在问题或隐患时，及时提出技术解决和防范措施。 4. 负责组织施工班组和分包队伍做好项目施工过程中的施工记录和签证。 5. 参与审查施工作业票

续表

岗位	职责
信息资料员	1. 负责对工程设计文件、施工信息及有关行政文件（资料）的接收、传递和保管；保证其安全性和有效性。 2. 负责有关会议纪要整理工作；负责有关工程资料的收集和整理工作；负责工程管控系统信息录入的工作。 3. 建立文件资料管理台账，按时完成档案移交工作
材料员	1. 严格遵守物资管理及验收制度，加强对设备、材料和危险品的保管，建立各种物资供应台账，做到账、卡、物相符。 2. 负责组织办理甲供设备材料的催运、装卸、保管、发放，自购材料的供应、运输、发放、补料等工作。 3. 负责组织对到达现场（仓库）的设备、材料进行型号、数量、质量的核对与检查。收集项目设备、材料及机具的质保等文件。 4. 负责工程项目完工后剩余材料的冲减退料工作。 5. 做好到场物资使用的跟踪管理
造价员	1. 严格执行国家、行业标准和企业标准，贯彻落实建设管理单位有关造价管理和控制的要求，负责项目施工过程中的造价管理与控制工作。 2. 负责工程设计变更费用核实，负责工程现场签证费用的计算，并按规定向业主和监理项目部报审。 3. 配合业主项目部工程量管理文件的编审。 4. 编制工程进度款支付申请和月度用款计划，按规定向业主和监理项目部报审。 5. 依据工程建设合同及竣工工程量文件编制工程施工结算文件，上报至本施工单位对口管理部门。配合建设管理单位、本施工单位等有关单位的财务、审计部门完成工程财务决算、审计以及财务稽核工作。 6. 负责收集、整理工程实施过程中造价管理工作有关基础资料
协调员	1. 配合召开工程协调会议，协调好地方关系，配合业主项目部做好相关外部协调工作。 2. 根据施工合同，做好青苗补偿、电杆占地、树木砍伐、施工跨越等通道清理的协调及赔偿工作。 3. 负责通道清理资料的收集、整理
工作负责人	1. 负责施工班组安全施工，带领作业人员严格执行各项安全、质量的规章制度，组织、指挥、管控劳务分包队伍作业，做到安全生产、文明施工。 2. 负责施工作业票及工作票的办理，落实风险管控和施工作业票及工作票要求，确保施工安全。 3. 按照验收管理办法，在检验批（单元工程）、分项、分部、单位工程完工后，组织开展班组自检。 4. 参加事故（事件）的调查处理工作

六、施工项目部的上墙资料

本部分对施工项目部的上墙资料在目标、职责、图表及展板等方面进行了明确和规范。但应注意的是，文中要求为最低配置标准，各项目部应根据工程实际需要进行增补。

上墙资料除项目部铭牌、晴雨表和工程项目汇总表外，其余均应为 A1（594mm×840mm）、竖版，样式如 PDXB–6–X–X 上墙图表示例。

PDXB–6–X–X 上墙图表示例

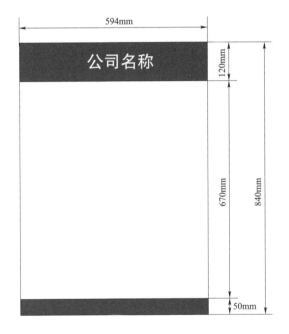

注：国网绿标准色值为：CMYK：C：100　M：5　Y：50　K：40；RGB：R：0 G：101　B：105。

施工项目部上墙资料由职责、图表及展板三部分组成，有 9 职责、2 图 2 牌 2 表、4 展板，共 19 项，上墙资料名称及制图规格见 PDXB–6–3–1，各上墙资料样式见 PDXB–6–3–2～PDXB–6–3–12。

配电网工程项目部标准化建设工作手册

PDXB-6-3-1 施工项目部上墙资料目录

序号	上墙资料名称	制 图 规 格
一、职责		
1	项目经理工作职责	A1：594mm×840mm（宽×高），竖版
2	安全员工作职责	A1：594mm×840mm（宽×高），竖版
3	质检员工作职责	A1：594mm×840mm（宽×高），竖版
4	技术员工作职责	A1：594mm×840mm（宽×高），竖版
5	材料员工作职责	A1：594mm×840mm（宽×高），竖版
6	信息资料员工作职责	A1：594mm×840mm（宽×高），竖版
7	工作负责人工作职责	A1：594mm×840mm（宽×高），竖版
8	造价员工作职责（*）	A1：594mm×840mm（宽×高），竖版
9	协调员工作职责（*）	A1：594mm×840mm（宽×高），竖版
（*）如项目部设置此岗位，则应悬挂本岗位职责。		
二、图表		
1	项目部铭牌	900mm×600mm（宽×高），横版，不锈钢，哑光
2	组织机构图	A1：594mm×840mm（宽×高），竖版
3	安全网络图	A1：594mm×840mm（宽×高），竖版
4	安全施工记录牌	A1：594mm×840mm（宽×高），竖版
5	晴雨表	A0：1189mm×841mm（宽×高），横版
6	项目进度表	不限尺寸
三、展板		
1	工程项目概况牌	版幅：A0：1189mm×841mm（宽×高）版式：横版高度：顶高2000mm材质：不锈钢，哑光
2	项目建设管理责任牌	
3	项目建设管理目标牌	
4	施工现场风险管控公示牌	

施工项目部各岗位职责见本章"五、施工项目部岗位职责",样式如下:

PDXB－6－3－2 岗位职责示例

594mm

江西鹏润电力建设有限公司

120mm

项目经理工作职责

施工项目经理是施工现场管理的第一责任人,全面负责施工项目部各项管理工作(施工项目副经理协助施工项目经理履行职责)。

1. 主持施工项目部工作,在授权范围内代表施工单位全面履行施工承包合同;对施工生产和组织调度实施全过程管理;确保工程施工顺利进行。

2. 组织建立相关施工责任制和各专业管理体系,组织落实各项管理组织和资源配备,并监督有效运行。负责项目部员工管理绩效的考核及奖惩。

3. 组织编制项目管理实施规划(施工组织设计),并负责监督落实。

4. 组织制订施工进度、安全、质量及造价管理实施计划,实时掌握施工过程中安全、质量、进度、技术、造价、组织协调等总体情况。组织召开项目部工作例会,安排部署施工工作。

5. 对施工过程中的安全、质量、进度、技术、造价等管理要求执行情况进行检查、分析及组织纠偏。

6. 负责组织处理工程实施和检查中出现的重大问题,并制订纠正预防措施。特殊困难及时提请有关方协调解决。

7. 合理安排项目资金使用;落实安全文明施工费申请、使用。

8. 负责组织落实安全文明施工、职业健康和环境保护有关要求;负责组织对重要工序、危险作业和特殊作业项目开工前的安全文明施工条件进行检查并签证确认;负责组织对分包商进场条件进行检查,对分包队伍实行全过程安全管理。

9. 负责组织工程班组级自检、项目部级复检和质量评定工作,配合公司级专检、监理初检、中间验、竣工预验收、启动验收和启动试运行工作,并及时组织对相关问题进行闭环整改。

10. 参与或配合工程安全事件和质量事件的调查处理工作。

11. 项目投产后,组织对项目管理工作进行总结;配合审计工作,安排项目部解散后的收尾工作。

670mm

840mm

50mm

PDXB－6－3－3 施工项目部铭牌

注：不锈钢材质（203 号以上、1mm），哑光，上部为原色，下部为国网绿色。

PDXB－6－3－4 组织机构图

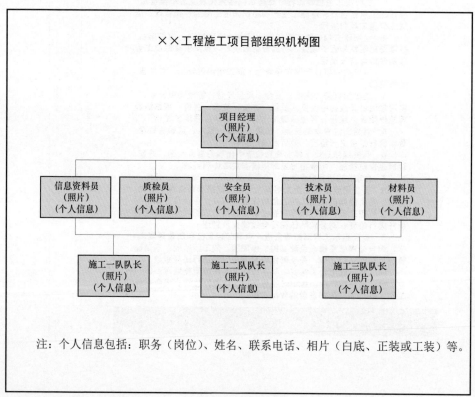

注：图样版式详见 PDXB－6－X－X 上墙图表示例。

PDXB－6－3－5　安全网络图

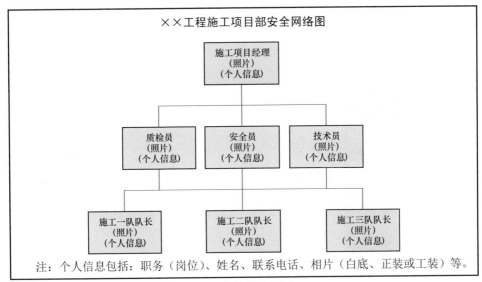

××工程施工项目部安全网络图

注：个人信息包括：职务（岗位）、姓名、联系电话、相片（白底、正装或工装）等。

注：图样版式详见 PDXB－6－X－X 上墙图表示例。

PDXB－6－3－6　安全施工记录牌

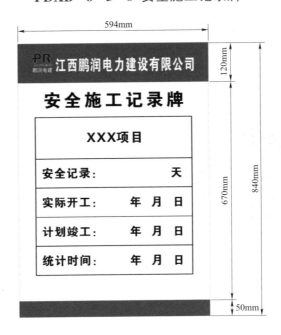

PDXB－6－3－7 晴雨表

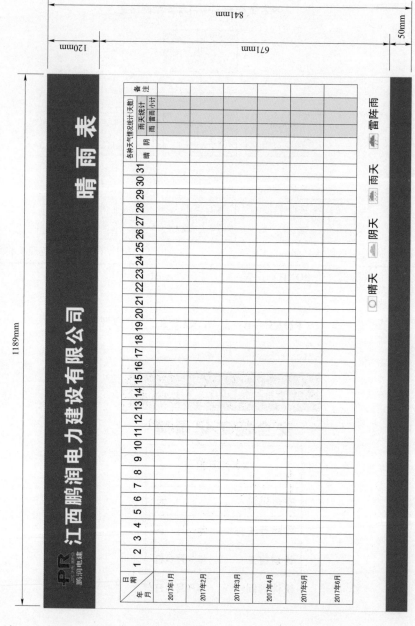

晴 雨 表

PDXB-6-3-8 施工项目进度表

PR 江西鹏润电力建设有限公司

××公司××项目进度表

序号	单体项目名称	子项工程名称	主要规模及投资	里程碑开工时间	实际开工时间	里程碑投产时间	实际投产时间	基础施工	杆塔组立	导线展放	设备安装	接地工程	备注
1	10kV××线改造工程	××10kV线路	以初设批复为准	填写上报时间	填写上报时间	填写上报时间	填写上报时间						
1	10kV××线改造工程	××配电变压器	以初设批复为准	填写上报时间	填写上报时间	填写上报时间	填写上报时间						
1	10kV××线改造工程	××低压线路	以初设批复为准	填写上报时间	填写上报时间	填写上报时间	填写上报时间						
2	10kV××线改造工程	××10kV线路	以初设批复为准	填写上报时间	填写上报时间	填写上报时间	填写上报时间						
2	10kV××线改造工程	××配电变压器	以初设批复为准	填写上报时间	填写上报时间	填写上报时间	填写上报时间						
2	10kV××线改造工程	××低压线路	以初设批复为准	填写上报时间	填写上报时间	填写上报时间	填写上报时间						

PDXB－6－3－9 工程项目概况牌

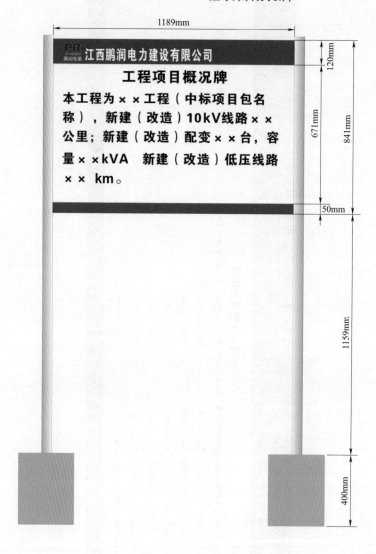

PDXB－6－3－10 项目建设管理责任牌

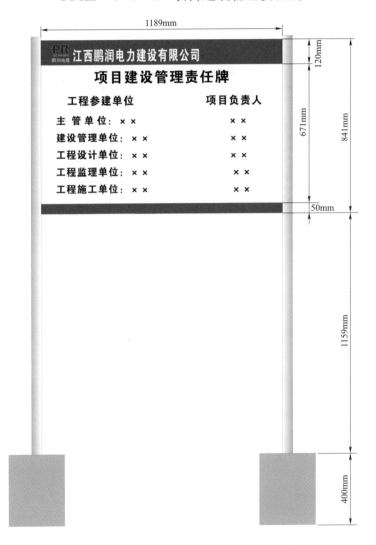

PDXB-6-3-11 项目建设管理责任牌

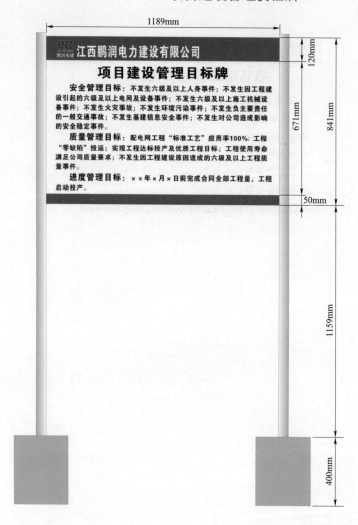

PDXB-6-3-12 施工现场风险管控公示牌

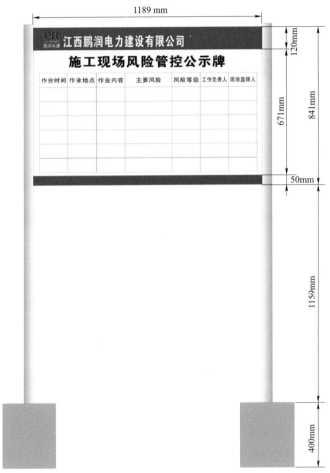

第四章
设计项目部标准化建设

一、设计项目部的组成

1. 定位

设计项目部是指由设计单位（项目承包人）成立并派驻施工现场，代表设计单位履行设计承包合同的项目管理组织机构。

2. 组建原则

设计项目部人员设置包括：主设、线路设计员、电气设计员、工程造价员等，视工程要求和需要可增设二次设计、土建设计和其他设计人员等。其中主设即为设计工地代表。

主设为项目部关键人员，应与投标文件保持一致；其不得兼职两个以上的同类在建工程。

设计项目部应相对稳定，人员固定、分工明确、各司其职。

3. 组建方式与要求

设计单位在收到中标（预中标）通知书或与建设管理单位签订合同一个月内成立设计项目部；设计项目部宜设在项目所在地。

中标设计单位应书面文件成立设计项目部，并书面通知业主项目部及建设管理单位。文件应为 A4 纸张，竖版。详见 PDXB-1-4-1 设计项目部成立文件示例。

各市、县公司配电网工程管理部门应及时将设计项目部成立文件（含变更）逐级上报备份；设计项目部应及时在工程管控系统维护（含变更）施工项目部成员信息。

4. 关键人员持证要求

主设应具有大专以上学历、两年以上的配电网工程设计工作经验。

PDXB－1－4－1 设计项目部成立文件示例

（中标单位名称）设计院
关于成立（中标工程名称）工程设计项目部的
报　告

国网×××供电分公司（建设管理单位名称）：

为确保（中标工程名称）工程的顺利完成，按照标准化管理的相关要求，我院成立了（中标工程名称）工程设计项目部，履行设计相关职责，并承诺响应 24 小时响应机制。其人员组成如下：

主设（设计工代）：（姓名，联系方式，邮箱）

线路设计：（姓名，联系方式，邮箱）

电气设计：（姓名，联系方式，邮箱）

二次设计：（""视工程建设要求增设）

土建设计：（""视工程建设要求增设）

设计单位（章）：＿＿＿＿＿＿
＿＿＿＿＿年＿＿月＿＿日

注：对项目地组建了设计项目部的，主设可不兼工地代表。

二、设计项目部的配置

设计项目部宜设在工程项目所在地，应有独立办公场所，配备满足独立开展设计工作的各类资源（包括办公、交通、通信、仪器、设备等），并结合工程实际，合理调整资源配备，满足设计工作需要。配置标准可参见 PDXB－3－2－1 监理项目部标准化配置表。

依托中标设计单位既有的办公场所开展设计工作，但应指定主设（即设计工地代表），并满足 24 小时响应机制。

三、设计项目部的公章制作

设计项目部应刻制设计项目部公章，并自工程开工时启用，工程竣工决算后废止，或使用中标设计单位的公章。

（1）按公安部门公章有关管理规定制作。

（2）上部的"中标单位"公司名称应与工商营业执照名称一致。

（3）底部为"××县（区）××年配电网工程设计项目部"。

（4）版式图样见 PDXB－4－4－1 设计项目部公章示例。

PDXB－4－4－1 设计项目部公章示例